"十四五"普通高等教育本科部委级规划教材

产教融合教程

高定半麻衬男西装制作工艺

刘玉婷　李永茂　贺晓亚◎主编　｜　贺　鑫　孙巧格◎副主编

CHANJIAO RONGHE JIAOCHENG

GAODING BANMACHEN NANXIZHUANG ZHIZUO GONGYI

中国纺织出版社有限公司

内 容 提 要

本书根据江西服装学院纺织服装现代产业学院卡私顿高定项目的教学材料，对高定半麻衬男西装的制作工艺进行详细讲解，其中第一章介绍了高定半麻衬男西装的制作工具，第二章讲解了对应款式的细节、尺寸、结构制板及裁片制作，第三章叙述了高定半麻衬男西装的制作工艺，以图文并茂的形式进行讲解与分析，内容涵盖所有工序的制作原理与步骤细节。

全书讲解细致，针对性强，具有较高的学习和研究价值，不仅适合高等院校服装专业师生学习，也可供服装从业人员、研究者参考使用。

图书在版编目（CIP）数据

产教融合教程：高定半麻衬男西装制作工艺 / 刘玉婷，李永茂，贺晓亚主编；贺鑫，孙巧格副主编.
北京：中国纺织出版社有限公司，2024. 12. --（"十四五"普通高等教育本科部委级规划教材）. -- ISBN 978-7-5229-2418-2

Ⅰ. TS941. 718

中国国家版本馆 CIP 数据核字第 2025Z3807J 号

责任编辑：李春奕　　责任校对：高　涵　　责任印制：王艳丽

中国纺织出版社有限公司出版发行
地址：北京市朝阳区百子湾东里 A407 号楼　邮政编码：100124
销售电话：010—67004422　传真：010—87155801
http://www.c-textilep.com
中国纺织出版社天猫旗舰店
官方微博 http://weibo.com/2119887771
北京通天印刷有限责任公司印刷　各地新华书店经销
2024 年 12 月第 1 版第 1 次印刷
开本：889×1194　1/16　印张：8
字数：115 千字　定价：69.80 元

江西服装学院
产教融合系列教材编写委员会

总 序
GENERAL PREFACE

当前，新时代浪潮席卷而来，产业转型升级与教育强国目标建设均对我国纺织服装行业人才培育提出了更高的要求。一方面，纺织服装行业正以"科技、时尚、绿色"理念为引领，向高质量发展不断迈进，产业发展处在变轨、转型的重要关口。另一方面，教育正在强化科技创新与新质生产力培育，大力推进"产教融合、科教融汇"，加速教育数字化转型。中共中央、国务院印发的《教育强国建设规划纲要（2024—2035年）》明确提出，要"塑造多元办学、产教融合新形态"，以教育链、产业链、创新链的有机衔接，推动人才供给与产业需求实现精准匹配。面对这样的形势任务，我国纺织服装教育只有将行业的前沿技术、工艺标准与实践经验深度融入教育教学，才能培养出适应时代需求和行业发展的高素质人才。

高校教材在人才培养中发挥着基础性支撑作用，加强教材建设既是提升教育质量的内在要求，也是顺应当前产业发展形势、满足国家和社会对人才需求的战略选择。面对当前的产业发展形势以及教育发展要求，纺织服装教材建设需要紧跟产业技术迭代与前沿应用，将理论教学与工程实践、数字化趋势（如人工智能、智能制造等）进行深度融合，确保学生能及时掌握行业最新技术、工艺标准、市场供求等前沿发展动态。

江西服装学院编写的"产教融合教程"系列教材，基于企业设计、生产、管理、营销的实际案例，强调理论与实践的紧密结合，旨在帮助学生掌握扎实的理论基础，积累丰富的实践经验，形成理论联系实际的应用能力。教材所配套的数字教育资源库，包括了音视频、动画、教学课件、素材库和在线学习平台等，形式多样、内容丰富。并且，数字教育资源库通过多媒体、图表、案例等方式呈现，使学习内容更加直观、生动，有助于改进课程教学模式和学习方式，满足学生多样化的学习需求，提升教师的教学效果和学生的学习效率。

希望本系列教材能成为院校师生与行业、企业之间的桥梁，让更多青年学子在丰富的实践场景中锤炼好技能，并以创新、开放的思维和想象力描绘出自己的职业蓝图。未来，我国纺织服装行业教育需要以产教融合之力，培育更多的优质人才，继续为行业高质量发展谱写新的篇章！

纪晓峰

中国纺织服装教育学会会长

2024年12月

前 言
PREFACE

  在现今西装市场中，高定男西装的制作工艺繁复，分为黏合衬工艺、半麻衬工艺和全麻衬工艺。《产教融合教程：高定半麻衬男西装制作工艺》是一本快速入门的实用型教材。本书主要讲解高定半麻衬男西装的制作，从介绍工具选用开始，以款式图的方式呈现所制作的高定男西装款式特点，以企业量体制衣的方法测量模特人体尺寸，按照企业放缝要求绘制服装结构图，进而从毛样制作和成衣制作两部分来详细讲解高定半麻衬男西装制作内容。

  本书为上海黑狮服饰有限公司创始人刘玉婷女士、李永茂先生与江西服装学院服装设计学院教师贺晓亚、贺鑫、孙巧格联合编撰，参编人员有黄浙东、陈彬彬、朱水洪、赵国栋、陈玲玲、孙伟达，素材源于企业实际生产案例。书中详细介绍了高定半麻衬男西装工艺制作的步骤与要求，有助于读者学以致用，跟上现代企业步伐，希望对正在学习专业知识的学生与进入企业工作的从业人员有所帮助。书中不妥之处，欢迎读者提出宝贵建议。

  本书在撰写过程中得到了江西服装学院领导及教师们的支持，在此表示由衷的感谢！

编者著
2024 年 9 月

教学内容及课时安排

章（课时）	课程性质（课时）	节	课程内容
第一章 （4课时）	理论与实践 （120课时）	·	制作工具的准备
		一	基础工具
		二	缝纫工具
第二章 （8课时）		·	高定半麻衬男西装裁片的制作
		一	高定半麻衬男西装款式说明
		二	量体尺寸表
		三	高定半麻衬男西装结构制板
		四	高定半麻衬男西装裁片制作
第三章 （108课时）		·	图解高定半麻衬男西装制作工艺
		一	高定半麻衬男西装毛样制作工艺
		二	高定半麻衬男西装成衣制作工艺

注　各院校可根据自身的教学特点和教学计划对课程时数进行调整。

目 录
CONTENTS

第一章
制作工具的准备

产教融合教程：高定半麻衬男西装制作工艺

本章内容：

1. 基础工具
2. 缝纫工具

教学时间： 4课时

学习目的： 让学生了解制作高定半麻衬男西装所需要的工具，掌握工具使用基本知识，熟悉工具使用技巧。

教学要求： 掌握制作工具的使用方法；了解工具的功能性；熟练使用工具。

第一节 基础工具

在服装制作的过程当中，需要用到很多工具，能否正确地使用这些工具，将直接影响服装成衣的整体效果。表1-1中详细介绍了高定半麻衬男西装制作所需要的基础工具。

表1-1 基础工具的介绍

序号	工具名称	工具介绍	工具实物
1	工作台	裁剪、熨烫过程中所使用的工作台面需要干净、平整、无异物，桌面底层铺有孔吸湿海绵垫，上层铺原色厚帆布，并用图钉固定紧实，方便制作	
2	尺子	竹尺或塑料尺：有直、弧两种形状，分别用于画直、曲线，常用于纸样绘制，也可用于裁剪面料、缝制服装时测量尺寸	
3	粘衬机	用于面料粘衬定型	
4	吸风烫台	用于整烫定型	
5	工业熨斗	熨烫服装，使其平整。熨斗上装有刻度盘，可根据需求调控熨斗温度	

续表

序号	工具名称	工具介绍	工具实物
6	熨烫垫	用于整烫服装中不能平铺熨烫的部位 （1）烫肩凳：常用于整烫袖窿、肩部、后领窝等位置 （2）馒头烫枕：常用于熨烫服装中的凸出部位，如胸部面料，用于塑型 （3）长烫凳：用于整烫袖子整体与袖缝	
7	划粉	用于在面料上绘制线迹，画出的线迹可以拍掉或用酒精擦掉	
8	皮尺	用于测量人体数据及服装制作过程中核对各部位尺寸	
9	专用剪刀	专门用于裁剪面料	
10	镊子	用于制作服装时挑领口、门襟角部位	

续表

序号	工具名称	工具介绍	工具实物
11	大理石块	用于裁剪时压住面料和熨烫时瞬间降温定型	
12	打孔器	常用于男西装成衣制作时扣眼的开孔，打孔器有不同直径的孔，可根据服装需求打出大小不同的孔	

第二节　缝纫工具

在男西装成衣制作中，需要很多的缝纫工具，表1-2详细介绍了高定半麻衬男西装成衣制作中所需的机缝和手缝工具。

表1-2　缝纫工具的介绍

序号	工具名称	工具介绍	工具实物
1	工业缝纫机	用于缉缝面料、里布等	
2	缝纫机针	号码越大，针越粗，适用面料厚度越厚	
3	梭芯、梭壳	将梭芯卷好线，装在梭壳里，用于缝纫机底线	
4	手缝针	有不同大小和型号，根据面料选择，号码越大，针越细	

续表

序号	工具名称	工具介绍	工具实物
5	顶针	手缝时套在手指上，以防手缝针后端扎到手指	
6	涤纶缝纫线	用于衣物的缝制	
7	丝光线	用于西装手工米兰眼、手工扣眼等的缝制	
8	线芯	用于西装手工米兰眼芯、手工扣眼芯的缝制	
9	全棉低韧度线（烂线）	用于西装毛样试衣制作过程中固定裁片	
10	拆线器	用于拆除缝纫线	
11	纱线剪	用于剪线头、拆线头	

第二章
高定半麻衬男西装裁片的制作

产教融合教程：高定半麻衬男西装制作工艺

本章内容：

1. 高定半麻衬男西装款式说明

2. 量体尺寸表

3. 高定半麻衬男西装结构制版

4. 高定半麻衬男西装裁片制作

教学时间： 8课时

学习目的： 让学生了解高定半麻衬男西装的款式细节，明确量体部位、要求及数据，根据数据绘制结构制版并完成裁片制作。

教学要求： 掌握高定半麻衬男西装款式特点、量体要求；根据数据熟练完成结构制版及裁片制作。

第一节 高定半麻衬男西装款式说明

在制作半麻衬男西装前，要明确具体的服装款式与细节，这里所展示的高定半麻衬男西装款式为：平驳头、单排两粒扣、圆角底摆、左胸船型手巾袋、双嵌线装袋盖口袋、前身收腰省、后中开背缝、双开衩、两片袖、袖口真开衩、袖口四粒平扣（图2-1）。

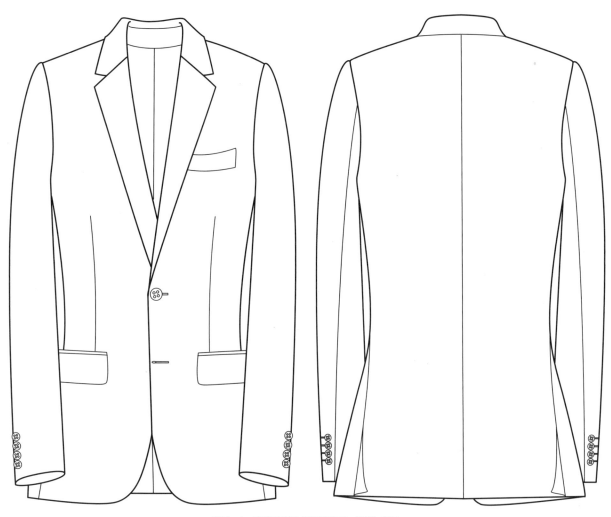

图2-1 高定半麻衬男西装正、背款式图

第二节 量体尺寸表

在制作高定半麻衬男西装成衣前，要根据具体的服装款式使用皮尺对人体各部位尺寸进行测量。表2-1为量体尺寸表，后文将根据该数据进行制板与制作。

表2-1 本书所制作服装量体尺寸表（身高：175cm，体重：60kg）　　　　单位：cm

部位	部位说明	净尺寸	成衣尺寸
肩宽	测量两侧肩点间的距离	44.5	44.5
袖长	测量肩点到虎口以上 1 ~ 2cm 位置	61	61
袖肥	测量手臂最大处一圈围度	30	38
袖口围	测量手腕一圈围度	17.5	26.5
前衣长	测量肩颈点到虎口以下 1 ~ 2cm 位置	74	74
后衣长	测量后颈点到臀部最高点向下 1 ~ 2cm 位置	72	72
胸围	水平测量胸部最丰满处一圈围度	91	101
中腰围	水平测量腰部最细处一圈围度	80	89
摆围 / 臀围	水平测量底摆所在位置最丰满处一圈围度	94	100
肚高	测量肩颈点垂直经过胸高点到肚子最凸处的距离，凸肚体型需测量	—	—
胸高	测量肩颈点到 BP 点的距离	—	—

第三节 高定半麻衬男西装结构制板

一 高定半麻衬男西装结构图

1.衣身

该款式为三开身西装，在结构制板中要关注净尺寸和成衣尺寸的计算（图2-2）。

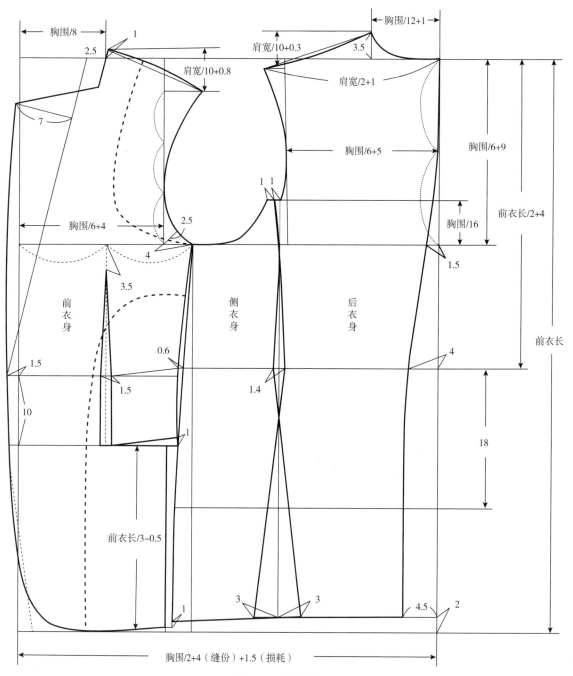

图2-2 衣身结构图

2.领

根据前衣身绘制领子结构图（图2-3）。

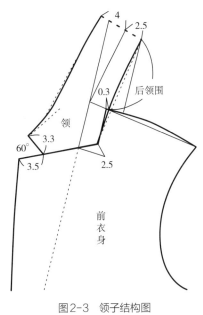

图2-3　领子结构图

3.袖

该款式为两片袖（图2-4）。

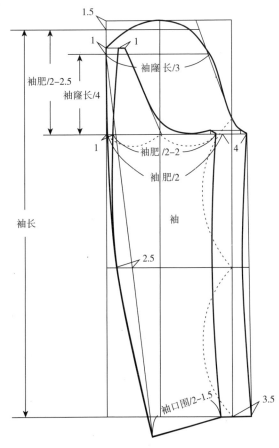

图2-4　袖子结构图

二 \ 高定半麻衬男西装放缝图（图2-5）

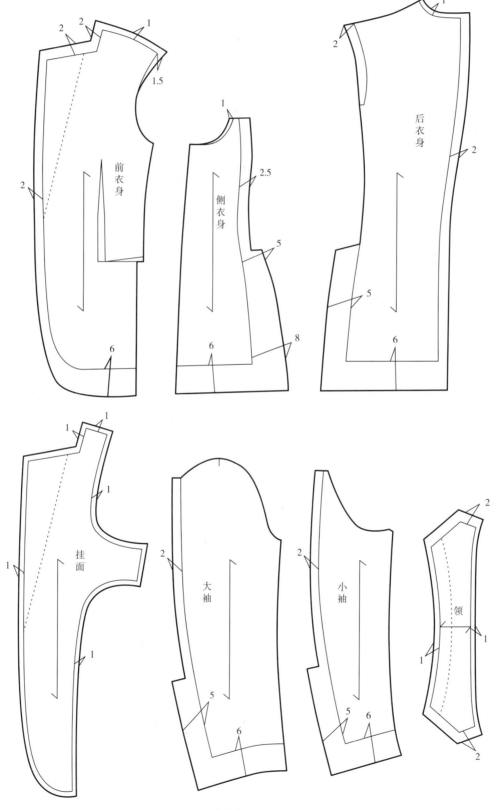

图2-5 高定半麻衬男西装放缝图

第四节　高定半麻衬男西装裁片制作

【步骤1】绘制裁片

使用划粉、尺子在面料上绘制裁剪纸样。其中胸围线、腰围线、翻折线、胸省、腰省等重要部位要绘制明确。

【步骤2】复核尺寸

使用皮尺在已绘制好的面料上重新测量胸围、腰围、臀围、前后衣长、袖长等尺寸，查看是否与穿着者尺寸相符合，若有过大或过小，则需重新调整裁片大小。复核尺寸时要保证皮尺平顺、不打卷，测量时要去掉缝份的量。

【步骤3】裁剪衣片

根据结构图裁剪面料。裁剪前衣身2片、侧衣身2片、后衣身2片、挂面2片、大袖片2片、小袖片2片、领面1片（图2-6）。

裁剪后核对裁片是否齐全，正反面是否对应，确保面料平整。

【步骤4】拓粉

使用划粉在未标注的衣身上重新绘制省道、侧衣身的后侧缝线、底摆的衣长线、前中线与翻折线，方便后续制作。

【步骤5】粘衬

按照图2-7所示位置，使用熨斗简单固定黏合衬与裁片，以防黏合衬脱落（图2-8）。

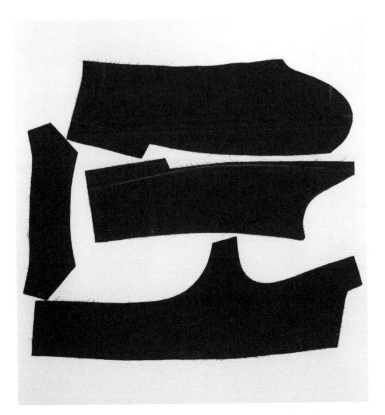

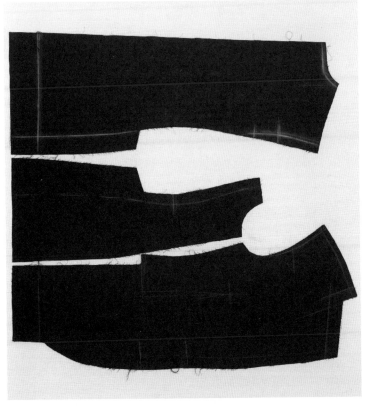

图2-6　裁剪衣片

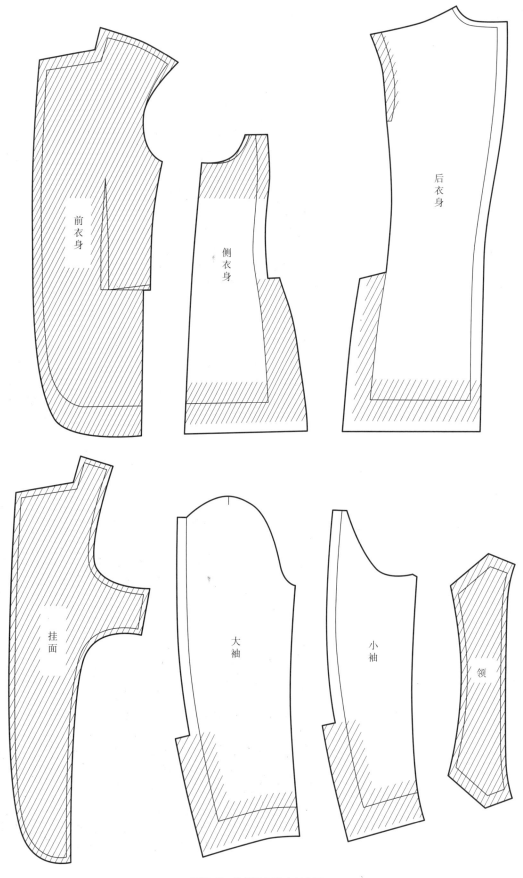

图2-7　放缝图上黏合衬位置

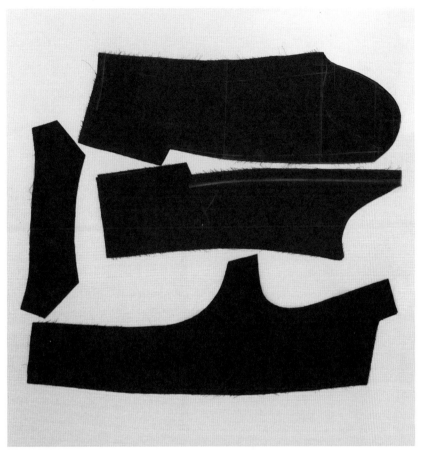

图2-8　裁片上粘黏合衬位置

【步骤6】过黏合机

在粘衬时，黏合衬一定不能比面料大，若比面料大，则过黏合机时，面料上下需要各放一张大于裁片的纸。黏合机温度达到150℃时，将已固定好黏合衬的裁片过黏合机，确保裁片与黏合衬固定牢固。黏合机温度高达200℃，使用时一定要注意不要触摸机器滚轮，避免烫伤（图2-9）。

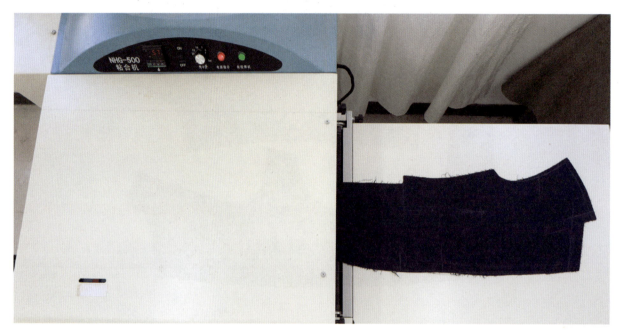

图2-9　将裁片过黏合机

【步骤7】二次拓粉

粘衬的地方，由于被黏合衬覆盖，需重新拓粉。

第三章

图解高定半麻衬男西装制作工艺

产教融合教程：高定半麻衬男西装制作工艺

本章内容：

1. 高定半麻衬男西装毛样制作工艺
2. 高定半麻衬男西装成衣制作工艺

教学时间： 108课时

学习目的： 让学生了解高定半麻衬男西装毛样及成衣制作工艺要求。

教学要求： 掌握高定半麻衬男西装毛样及成衣制作工艺。

第一节　高定半麻衬男西装毛样制作工艺

【步骤1】剪开省道

用剪刀将前衣身的肚省剪掉，直至腰省前侧。

用剪刀将前衣身的腰省剪开，直至距省尖4～5cm（图3-1）。

图3-1　剪开腰省

剪开腰省后效果见图3-2。

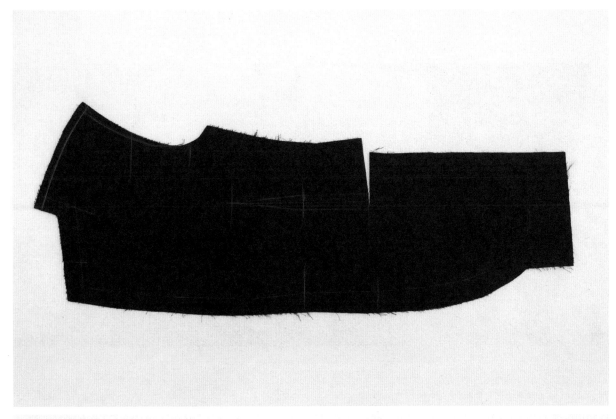

图3-2　剪开腰省后效果

【步骤2】缝合省道

将缝纫机上好烂线❶，对腰省进行缝合，腰省底部倒回针。在省尖处放一块垫布，垫布要斜纱，宽4cm，垫在腰围线上2cm至省尖上1cm处。省尖无须倒针，留3~5cm线头即可（图3-3）。

图3-3　缝合省道

【步骤3】缝合前、侧衣身

将前衣身与侧衣身正面相对，缝份对齐，前衣身与侧衣身的胸围线、腰围线对齐，按照结构线进行缝合（图3-4）。

由于肚省已经剪掉，所以在缝合前、侧衣身时要先将肚省缝合，再进行前、侧衣身的缝合。

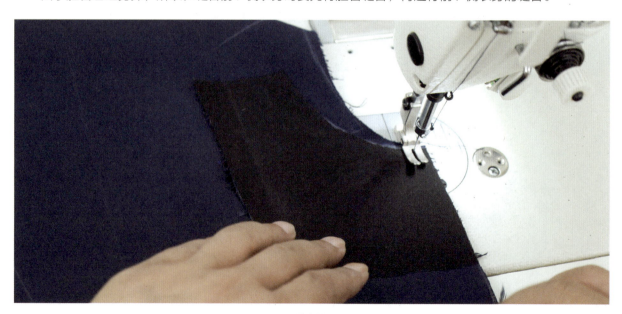

图3-4　缝合前、侧衣身

❶ 在毛样制作过程中，为了保护面料需要使用低韧度线（也叫烂线）进行缝合，防止拆毛样时损伤面料。

【步骤4】熨烫腰省

　　将腰省进行分烫处理，垫布倒向前中心方向。先熨烫面料的背面，确保平整后再熨烫面料的正面。在熨烫面料的正面时，要将省尖熨烫平整，并确保经向线不发生偏移（图3-5）。

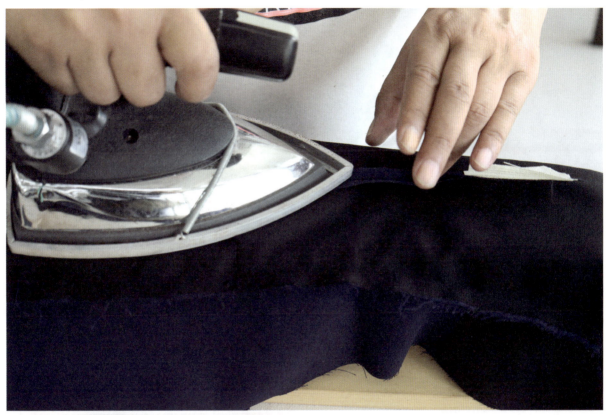

图3-5　熨烫腰省

【步骤5】熨烫前、侧衣身

翻到衣身面料背面，将前、侧衣身的缝份分烫处理。在腰围线以上位置进行归拢，以符合人体腰身曲线（图3-6）。

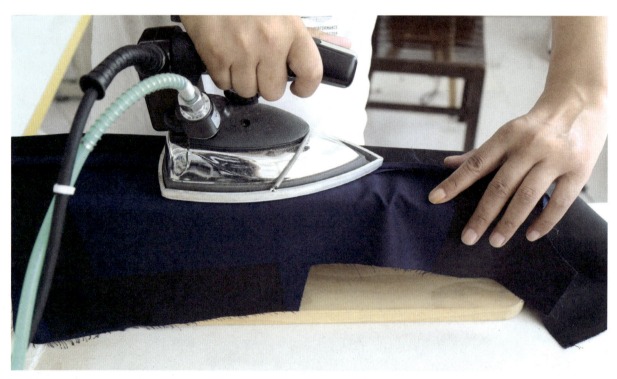

图3-6　熨烫前、侧衣身缝份

熨烫后，使用大理石进行快速降温，使面料平整（图3-7）。

图3-7　用大理石使面料快速降温

【步骤6】口袋口部位（肚省）粘衬

　　用划粉画出口袋口位置，裁剪一块覆盖整个口袋口大小的黏合衬，用熨斗熨烫，使其粘贴在一起。熨烫前一定要确保口袋口完全对合。可以先用熨斗轻轻固定，然后翻转到衣身正面，确保口袋口对齐后再用熨斗进行高温熨烫（图3-8）。

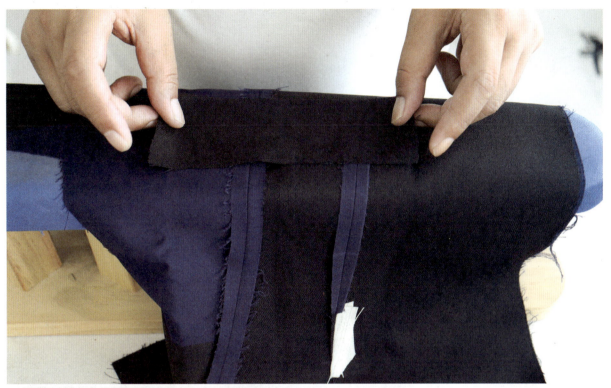

图3-8　口袋口部位（肚省）粘衬

【步骤7】归拔处理❶

使用熨斗，对前片衣身胸省部分进行归拔处理，将其省量归拔进去（图3-9）。

图3-9　对前衣身进行整烫

前衣身整烫后效果见图3-10。

图3-10　前衣身整烫后效果

使用熨斗对侧衣身的中腰位置进行拔开处理，用手拉住一侧面料，向后拔开，使缝头呈波浪状（图3-11）。

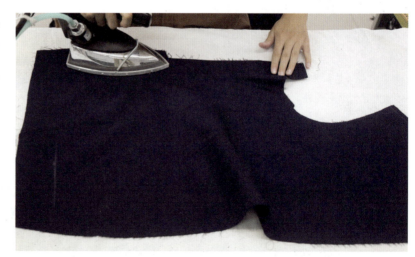

图3-11　对侧衣身进行整烫

❶ 归拔处理是服装塑型的一种技法，主要原理是利用面料在一定温度和压力等条件下发生拉伸和收缩的特点，对面料的局部进行拉伸和归拔，使其贴合人体曲线，提高服装穿着舒适性。

【步骤8】粘嵌条

用熨斗将前衣身的余量归拢进去，熨烫平整（图3-12）。

图3-12　使用熨斗归拢余量

距离驳头翻折线向里0.3cm处开始粘嵌条，驳头1/2处拉紧嵌条，使其吃进0.5cm的量，再进行熨烫（图3-13）。

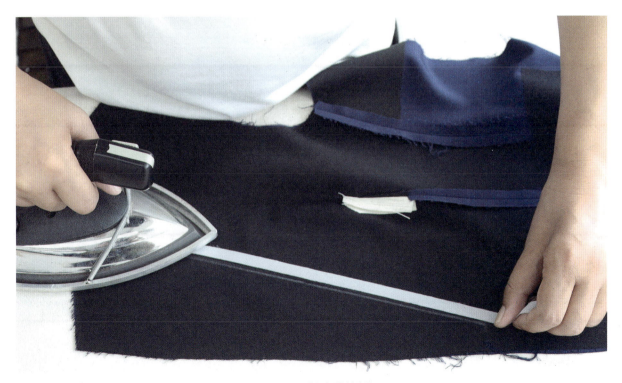

图3-13　驳头翻折线粘嵌条

【步骤9】缉缝后中线

将后衣身正面相对，沿着结构线由底摆开始缉缝至后颈点，开头和结尾1cm处需倒回针（图3-14）。

图3-14 缉缝后中线

【步骤10】分烫后中线，熨烫底摆、开衩

用熨斗对后中心缝份进行分烫处理，后背出现的余量用熨斗进行归拢，使其平整。

先沿底摆结构线向里熨烫，再沿开衩位置结构线向里熨烫（图3-15）。

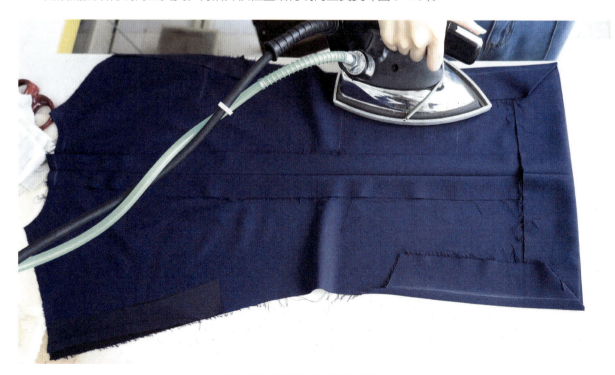

图3-15 分烫后中线，熨烫底摆、开衩

【步骤11】胸衬❶处理

按照前胸轮廓裁剪一块马尾衬，为了塑造出肩部弧线、胸部曲线，由侧颈点至肩点的1/3处向下剪开11cm左右，将马尾衬敷在前衣身上，肩线重合，拷贝胸省位置，在省中线向前中心1cm处重新绘制省中线，省尖向上2cm，剪掉马尾衬上胸省的量，并准备一块宽2cm的黏合衬（图3-16）。

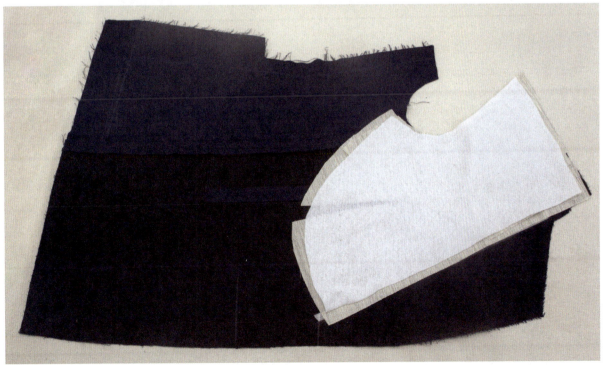

图3-16 胸衬备料

❶ 胸衬在服装中起到支撑作用，可以使男西装外轮廓更加挺括，塑造高级感。

将胸省合在一起，用黏合衬黏合，在省尖位置进行熨烫（图3-17）。

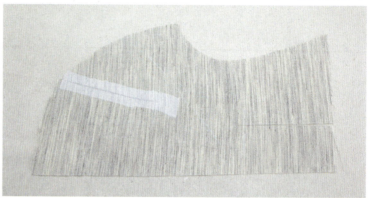

图3-17　熨烫省尖位置

在胸衬肩省位置，展开1.5cm，使用缝纫机将其拼缝固定（图3-18）。

图3-18　固定省道

整理后可见胸部隆起（图3-19）。

图3-19　整理胸衬后效果

处理肩省、胸省：拼接处手缝三角针固定（图3-20）。

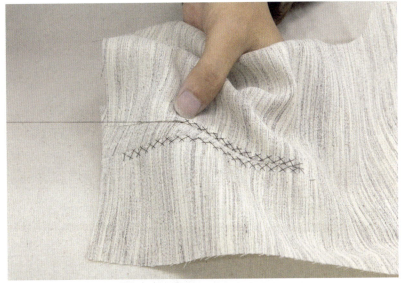

图3-20　手缝肩省、胸省

【步骤12】整烫胸衬

使用熨斗整烫胸衬。首先熨烫胸省位置，一手拉着马尾衬上方，一手熨烫，保证胸部造型不变。然后熨烫肩省，将肩省的量暂时归到胸部，待肩部熨烫平整后，将量归到肩胛骨处（图3-21）。

图3-21

图3-21　整烫马尾衬

可以看到肩胛骨处、胸部微微隆起（图3-22）。

胸衬反面处理同正面。

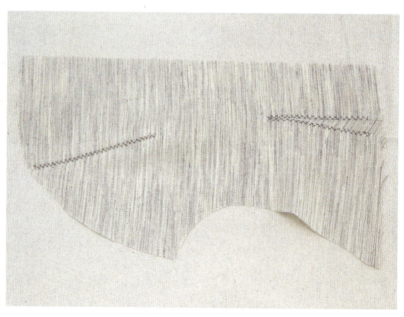

图3-22　整烫马尾衬后背面效果

【步骤13】绢缝胸棉

　　将胸棉位置摆正，手缝八字针固定（图3-23）。

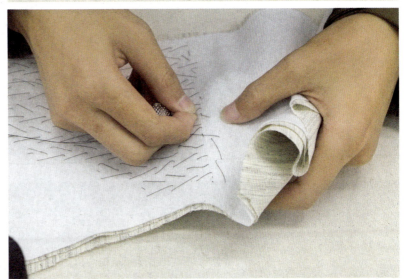

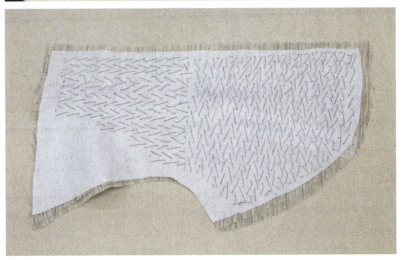

图3-23　固定胸棉

【步骤14】将胸衬与前衣身固定

将胸衬的正面与前衣身的背面相对，胸衬放置在前衣身驳头翻折线向下0.5cm处，胸衬肩线较前衣身肩线长出1cm，摆放好胸衬（图3-24）。

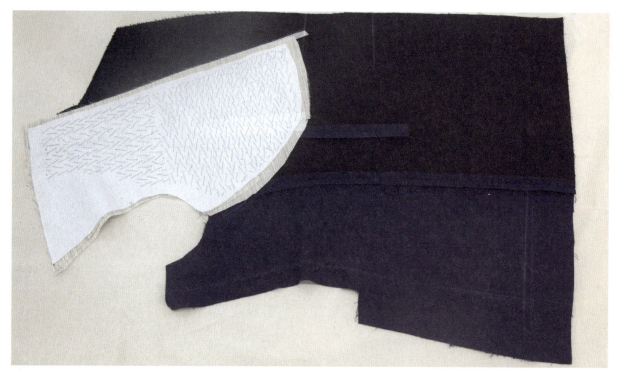

图3-24　在前衣身上摆放好胸衬

使用手缝针固定前衣身与胸衬，要注意线迹不要露出，也就是衣身正面看不到线迹（图3-25）。

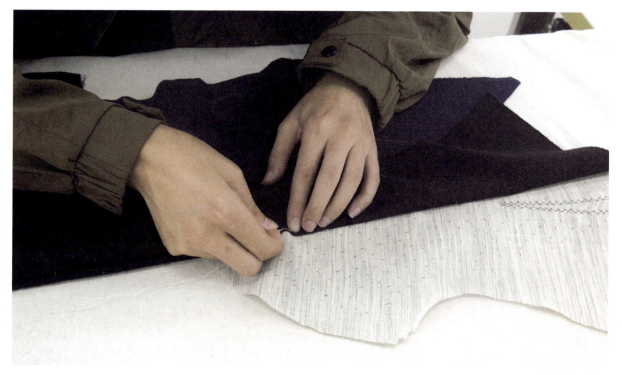

图3-25　手缝固定前衣身与胸衬

【步骤15】绷缝❶前衣身

由侧颈点向下5cm开始起针，绷缝前衣身，绷缝过程中要保证前衣身和胸衬服帖（图3-26）。

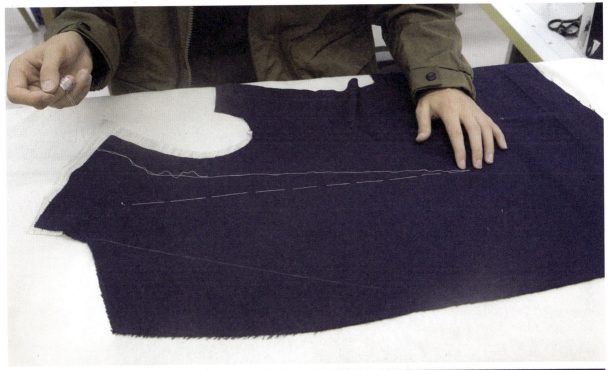

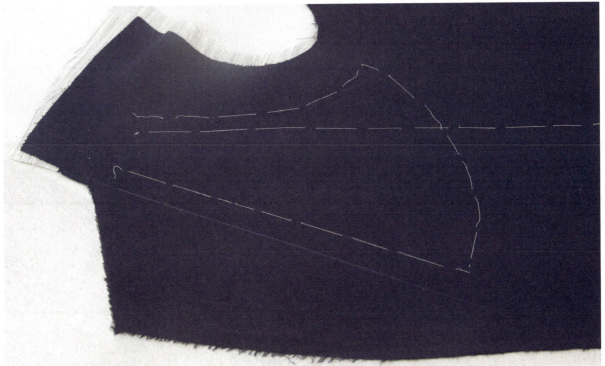

图3-26　绷缝前衣身

---

❶ 绷缝用来暂时固定多层衣身，正面露出线迹较长，反面露出线迹较短。在绷缝过程中，缝线要顺直，松紧要适宜。

【步骤16】修剪多余胸衬

将前衣身与胸衬在工作台上铺平，根据前衣身剪掉多余胸衬（图3-27）。

图3-27 修剪多余胸衬

【步骤17】放置在人台上看效果

将毛样放在人台上，看一下胸衬的呈现效果（图3-28）。

图3-28 放置在人台上的效果

【步骤18】缝合侧缝

将后衣身放在下面，与侧衣身面与面相对，由上至下按照缝份进行缉缝，直到开衩止点（图3-29）。

图3-29 缝合侧缝

【步骤19】缝合毛样肩缝

　　使用熨斗将后衣身肩线微微烫皱，前衣身与后衣身肩线相对，按照缝份进行绷缝处理，确保无误后缉缝肩缝，开头和结尾进行1cm长度的倒回针（图3-30）。

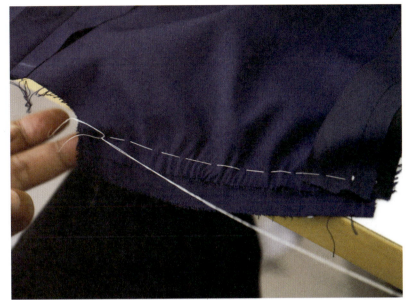

图3-30　缝合肩缝

【步骤20】熨烫衣身侧缝、底摆与开衩

　　将衣身放在烫凳上，分烫缝份，在熨烫过程要压烫，确保面料不走形（图3-31）。

图3-31　熨烫衣身侧缝

熨烫底摆，将开衩倒向后中心，将多余的量慢慢归进去（图3-32）。

图3-32　熨烫衣身底摆

熨烫衣身后开衩（图3-33）。

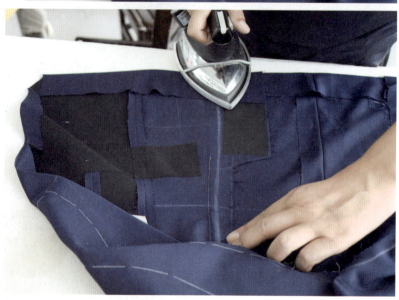

图3-33　熨烫衣身后开衩

【步骤21】固定肩垫

前、后肩按照2∶3的比例分配肩垫，确定好位置后，绷缝肩垫（图3-34）。

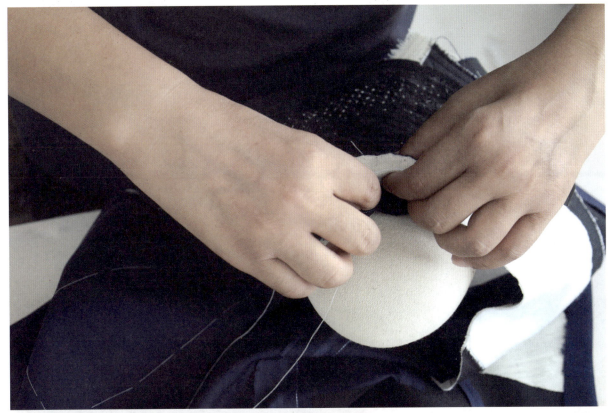

图3-34　固定肩垫

【步骤22】绷缝、熨烫肩线

使用手缝针绷缝肩线，里面的肩垫要放置平整（图3-35）。

图3-35　绷缝肩垫

熨烫绷缝好的肩垫，将吃势归到后衣身肩部（图3-36）。

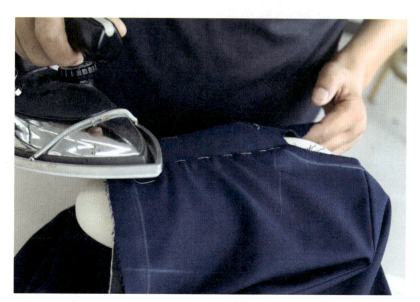

图3-36　熨烫肩垫

【步骤23】缉缝领里

根据目前衣身领口，裁剪领衬，并将领衬在后中心进行缉合（图3-37）。

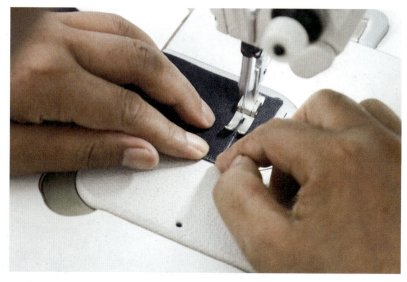

图3-37　缉缝领衬后中心

使用划粉在领衬上绘制翻折线，将领面和领底绒缉缝在一起（图3-38）。

图3-38　缉缝领面和领底绒

修剪多余领底绒（图3-39）。

图3-39　修剪多余领底绒

领里正背面效果见图3-40。

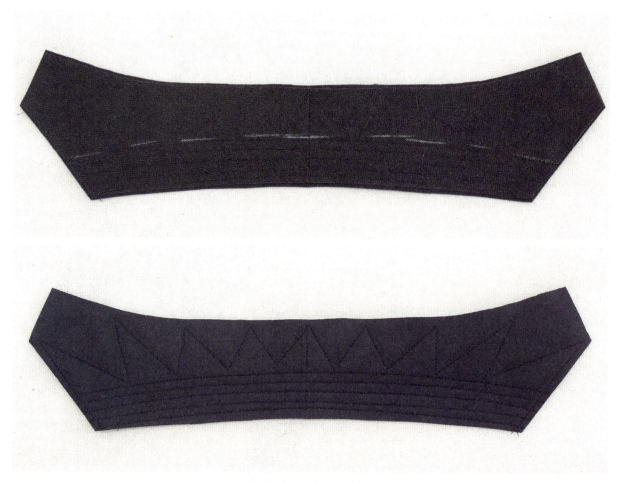

图3-40　领里正背面效果

【步骤24】熨烫领里

　　将领里按照翻折线熨烫出弧形，将多余的量慢慢归进去，使领里熨烫平整（图3-41）。

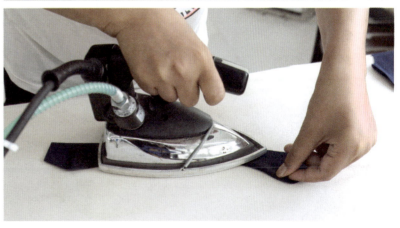

图3-41　熨烫领里

【步骤25】缉缝衣身与领里

缉缝领里时，各个对位点要对应好。按照衣身领口线迹，使用缝纫机进行缉缝（图3-42）。

图3-42　缉缝衣身与领里

【步骤26】做袖

使用熨斗对袖片进行归拔处理。将袖口按照翻折线向里熨烫（图3-43）。

图3-43　熨烫袖片

将大袖与小袖正面相对，大袖放在上面，小袖放在下面，按照缝份进行缉缝，在袖肘线上下各5cm处拉紧小袖，其他地方正常缉缝（图3-44）。

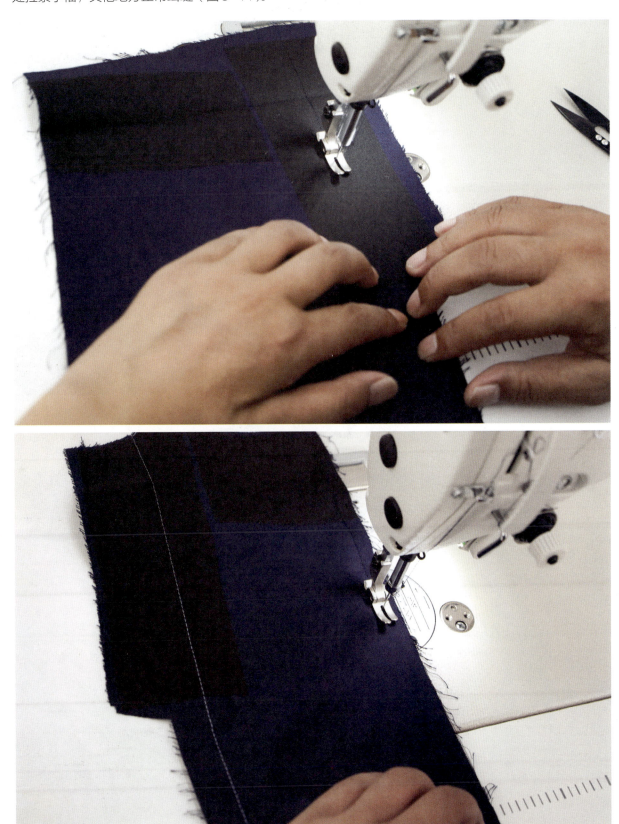

图3-44　缉缝袖子

将袖片放在烫凳上，缝份倒向大袖，拔小袖、归大袖，将袖口沿翻折线向里翻折，熨烫平整（图3-45）。

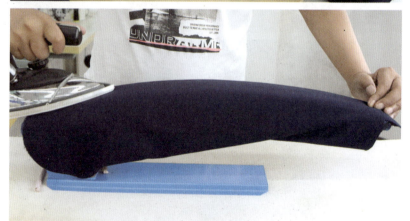

图3-45　熨烫袖子

【步骤27】绱袖

针距调大，沿袖弧边缘0.5cm绗缝一圈，拉出底线，把抽缩量归好（图3-46）。

图3-46 抽袖窿

把衣身铺好，用手缝针将袖子绷缝固定在衣身上（图3-47）。

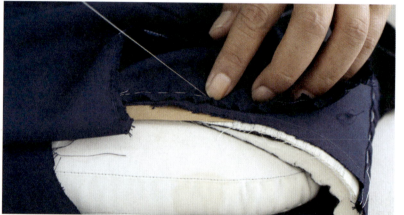

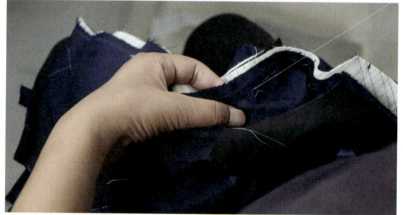

图3-47　固定袖子与衣身

【步骤28】绷缝门襟、底摆与袖口

使用手缝针，绷缝门襟、底摆、袖口处，暂时进行固定，便于拆卸（图3-48）。

图3-48 绷缝衣身

【步骤29】毛样展示

毛样制作完成后，需要穿着在人体上观察合体效果，对不合体位置进行调整（图3-49）。

图3-49 毛样展示

第二节　高定半麻衬男西装成衣制作工艺

根据毛样试衣效果进行调整，开始制作成衣。

【步骤30】纳驳头

使用手缝针，将胸衬上黏合衬嵌条的边缘与驳头相固定（图3-50）。

图3-50　纳驳头

衣身正面可见均匀点迹（图3-51）。

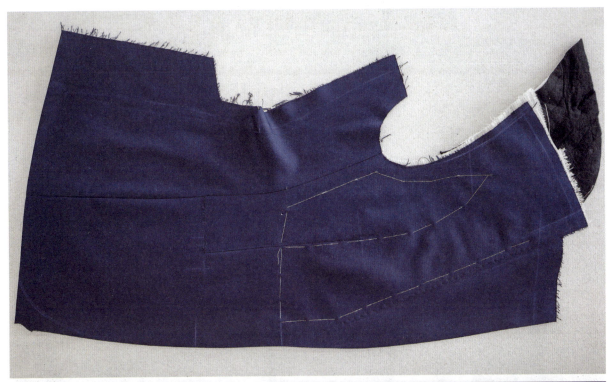

图3-51 纳驳头后效果

【步骤31】裁剪里布

将挂面与里布在工作台上铺平，用划粉画出里布结构线，放出缝份，裁剪里布（图3-52）。

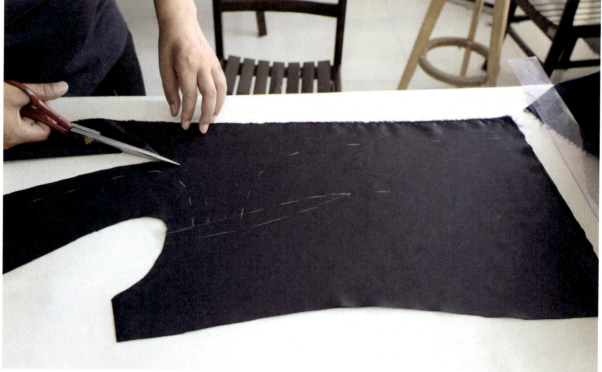

图3-52　裁剪里布

【步骤32】缉缝挂面及里布

　　将前片里布和挂面进行缉缝，把挂面放在下面，里布放在上面，正面相对，按照1cm缝份缉缝，略推里布，略抻挂面，由上至下缉缝到底摆，与侧片里布缝合时要收省（图3-53）。

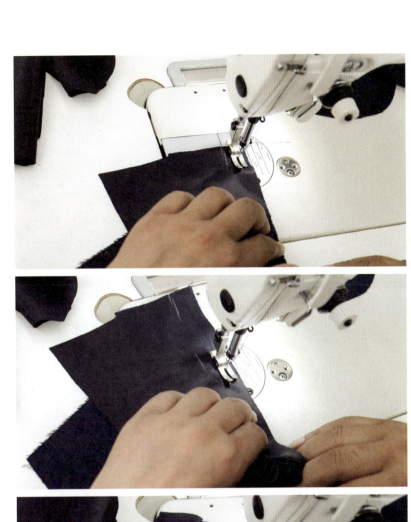

图3-53　缉缝挂面

【步骤33】熨烫挂面及里布

挂面与里布缝份向侧缝方向倒，里布省道也向侧缝倒（图3-54）。

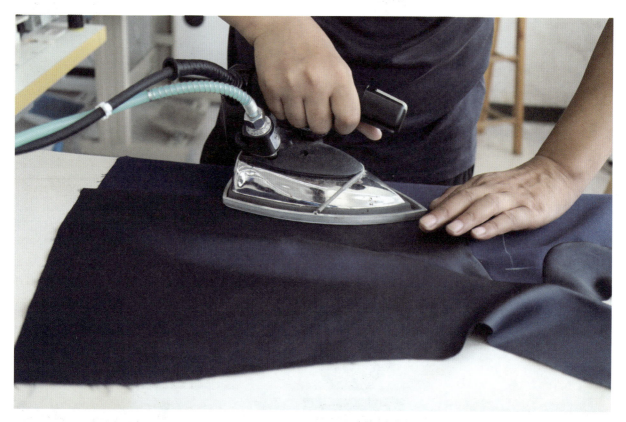

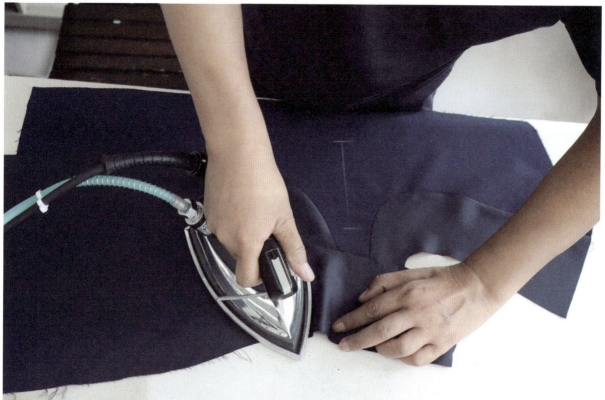

图3-54　熨烫挂面及里布

熨烫挂面及里布后效果见图3-55。

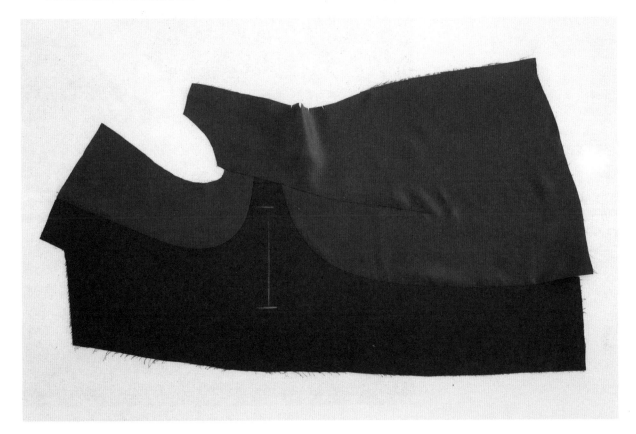

图3-55　熨烫挂面及里布后效果

【步骤34】手工珠边

使用手缝针对挂面及里布交合处进行珠边❶，缝在里布上，起到装饰和固定的作用，在缝制过程中要注意珠边针距相等，拉线松紧一致，整体效果美观（图3-56）。

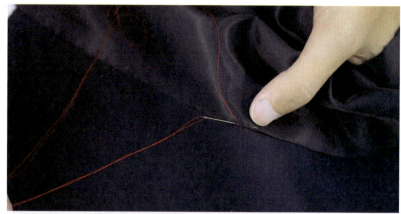

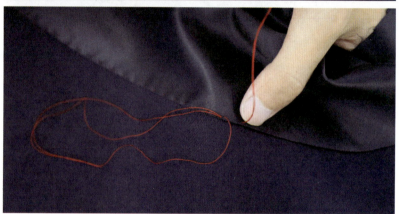

图3-56 手工珠边

【步骤35】做袋盖

袋盖粘黏合衬，将袋盖里放在上面，袋盖面放在下面，按照结构线进行缉缝，袋盖面两个角部位略吃缝，使其出现里外容，即面松内紧。

将袋盖缝份修剪至0.5cm，圆角处缝份修剪至0.3cm，翻到袋盖正面，把袋盖里放在上面，用锥子挑圆角并熨烫，使其四周呈直线，圆角处圆润，要里紧面松（图3-57）。

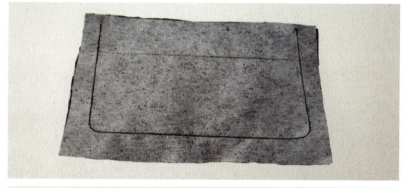

图3-57 缉缝袋盖

❶ 珠边又称"贡针"，是缝制过程中一种简单的手缝技法，常用来装饰服装边缘，增加服装美感。

【步骤36】熨烫口袋嵌条

裁剪两块7cm×18cm的嵌条，距离边缘1cm粘上黏合衬，并向里折叠熨烫（图3-58）。

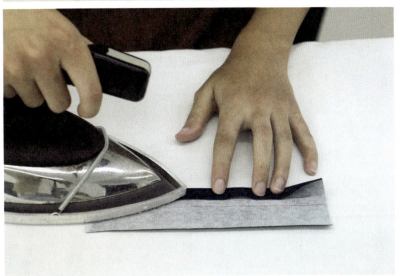

图3-58　熨烫口袋嵌条

【步骤37】缉缝口袋垫布、嵌条

将口袋垫布放置在口袋布上，对折1cm，口袋垫布下沿缉缝0.1cm明线（图3-59）。

图3-59　缉缝口袋垫布

将口袋嵌条对折后绢缝在袋盖上，缝份0.5cm，袋盖宽5cm，倒回针（图3-60）。

图3-60 绢缝口袋嵌条

【步骤38】绢缝口袋牙

在前衣身上用划粉画出双嵌线袋位中线，并在中线上下各画0.5cm等长的平行线，把双嵌线上、下牙袋分别放在这两条线上进行绢缝，缝线分别压在两条平行线上，开头和结尾1cm倒回针固定（图3-61）。

图3-61 绢缝口袋牙

【步骤39】处理袋口

把上、下袋牙缝份向两侧展开，由袋口中心线开始剪前衣身袋口，剪到距离袋口两端1cm时，将两端缉线止点处剪成三角状，剪口距离线根部约0.1cm（图3-62）。

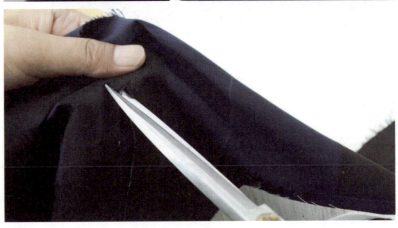

图3-62 剪开袋口

把缉缝好的双嵌线上、下牙袋翻到袋口里，上下嵌线对齐、等宽（图3-63）。

图3-63　剪开袋口后翻到正面的效果

把两端翻转过去的三角距离袋口两端0.1cm处倒回针固定（图3-64）。

图3-64　缉缝袋口两端三角

【步骤40】处理口袋布

将口袋布绢缝在口袋嵌条上，距离边缘绢缝0.1cm明线。将口袋布底边翻到衣身与口袋上方交合处，将口袋嵌条与口袋布上端进行绢缝固定。口袋布其他三边绢缝一圈，开始和结束处倒回针固定（图3-65）。

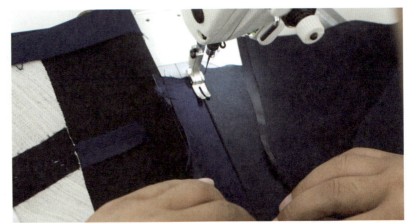

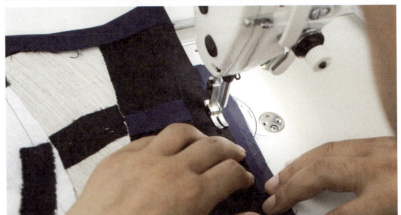

图3-65 绢缝口袋布

距离口袋一周缉缝线1cm，
修剪掉多余口袋布（图3-66）。

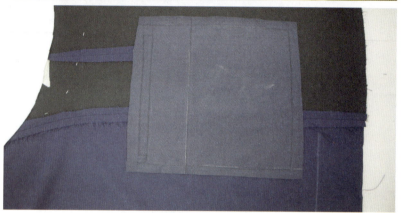

图3-66 修剪掉多余口袋布

【步骤41】熨烫口袋

使用熨斗将口袋里、外熨烫
平整（图3-67）。

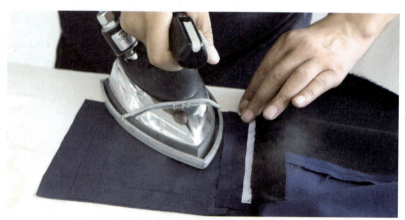

图3-67 熨烫口袋

【步骤42】制作手巾袋牙

定好手巾袋牙位置。首先画一条水平线，再将手巾袋牙净板放在上面，用划粉描画一圈（图3-68）。

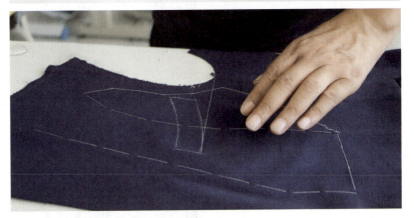

图3-68　定手巾袋牙的位置

根据手巾袋牙的净板，在面料上进行裁剪，袋牙上面缝份2cm，其他三边缝份1cm（图3-69）。

图3-69　裁剪手巾袋牙

再裁剪一块与净板相同的树脂衬，使用熨斗将树脂衬与手巾袋牙粘贴在一起（图3-70）。

图3-70　手巾袋牙上粘树脂衬

将手巾袋牙按照缝份翻折熨烫（图3-71）。

图3-71　熨烫手巾袋牙

修剪多余口袋牙面料（图3-72）。

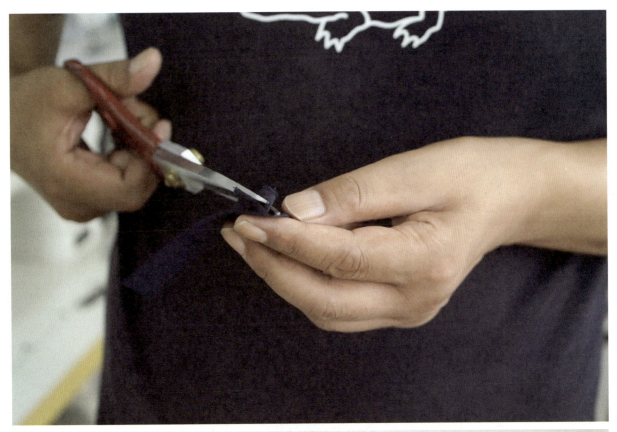

图3-72 修剪多余手巾袋牙

将口袋布与手巾袋牙进行缉缝，把口袋布放在下面，手巾袋牙放在上面，面料正面相对，打开手巾袋牙顶部缝份，在靠近树脂衬0.5cm处使用缝纫机进行缉缝（图3-73）。

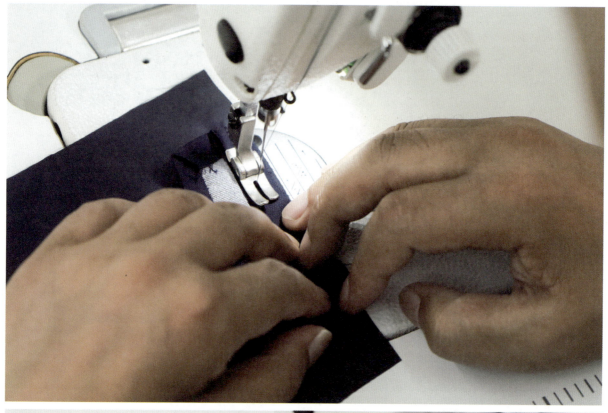

图3-73　固定手巾袋牙

按照口袋翻折线熨烫手巾袋袋布（图3-74）。

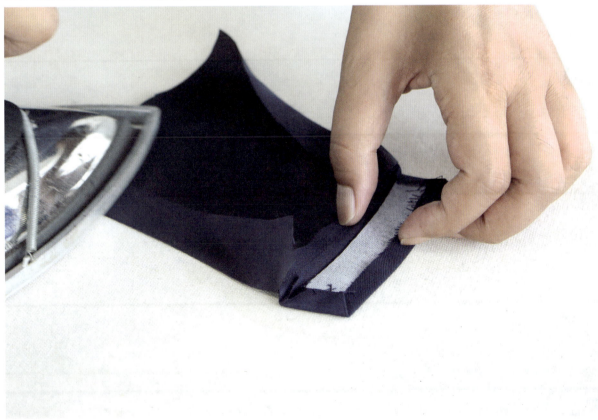

图3-74　熨烫手巾袋袋布

将手巾袋底部与前衣身正面相对，沿着结构线进行缉缝（图3-75）。

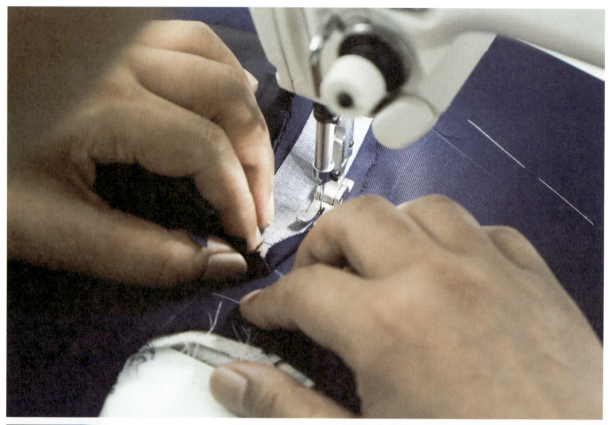

图3-75　缉缝手巾袋与前衣身

剪开手巾袋口，操作与【步骤40】相似（图3-76）。

图3-76 剪开手巾袋口

缉缝手巾袋袋布，操作与
【步骤41】相似（图3-77）。

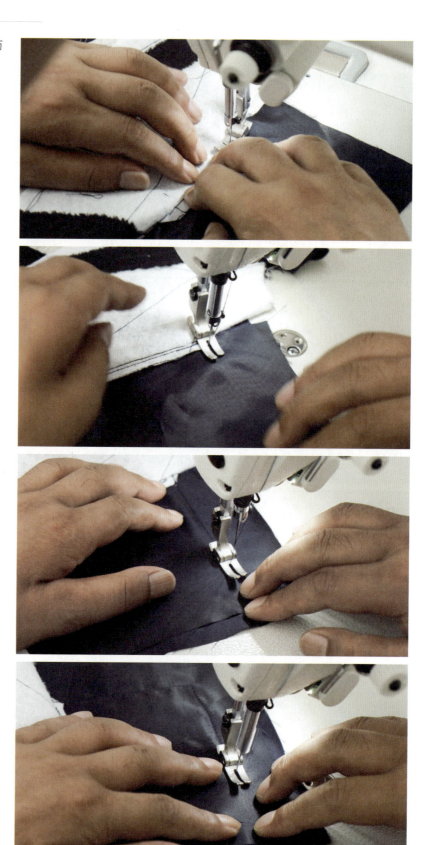

图3-77　缉缝手巾袋袋布

　　手巾袋袋布与前衣身缝合处缉明线0.1cm，再将手巾袋铺平整，两侧缉0.5cm明线，不打倒回针，起到暂时固定的作用，使用熨斗将表面熨烫平整（图3-78）。

图3-78　固定手巾袋与衣身

使用手缝针绕缝手巾袋进行
固定，松紧适宜，针距大小相
同，要将边缘绕缝固定。缝好后
将机缝固定线拆下（图3-79）。

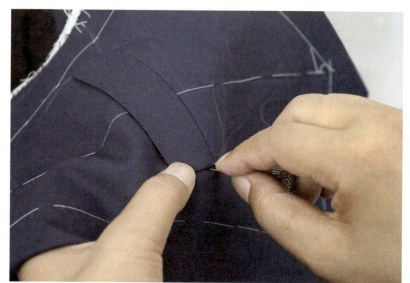

图3-79　绕缝手巾袋

手巾袋制作效果见图3-80。

图3-80　手巾袋制作效果

【步骤43】前衣身粘嵌条

使用熨斗，将宽度为1cm的嵌条，自翻驳头向下2cm处起，向下粘嵌条，驳口位置、底摆圆角位置稍稍拉紧，直至前衣身与侧衣身底摆缝合处（图3-81）。

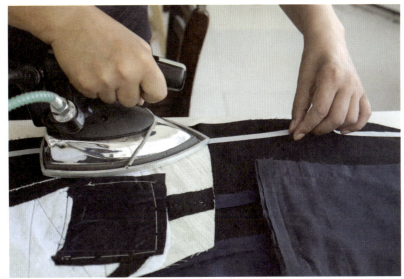

【步骤44】做里布内袋

操作与【步骤37】~【步骤41】相似。

图3-81 前衣身粘嵌条

【步骤45】做三角袋盖

裁剪两块边长为10cm的里布，将其面与面相对，按照缝份1cm进行缉缝。中间留出2cm的空隙作为扣眼，开始和结束倒回针以防止散开（图3-82）。

图3-82 缉缝三角袋盖

将其熨烫平整后，由两侧向中间翻折，再用熨斗进行熨烫（图3-83）。

图3-83 熨烫三角袋盖

使用大理石进行降温、定型（图3-84）。

图3-84 三角袋盖定型

使用缝纫机缉缝三角袋盖，线迹距离三角袋盖边1cm（图3-85）。

图3-85 缉缝三角袋盖

修剪多余里布（图3-86）。

图3-86　修剪三角袋盖后效果

使用缝纫机将三角袋盖固定在内袋口双嵌线口袋里，从正面看三角袋盖露出约4.5cm进行缉缝（图3-87）。

图3-87　固定三角袋盖

【步骤46】固定品牌商标

将缝纫机针码调大，缉缝商标，起到暂时固定的作用（图3-88）。

图3-88　固定品牌商标

熨烫后效果见图3-89。

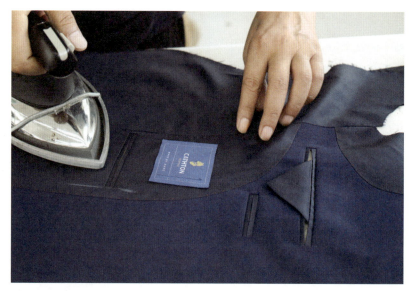

图3-89　熨烫品牌商标

【步骤47】缝合挂面与前衣身

绷缝挂面与前衣身。将挂面放在上面，前衣身放在下面，正面相对，下面挂面驳头外口比上面前衣身长出0.3~0.4cm。从串口线的绱领点开始至驳口翻折线下的第一粒扣眼位，直至前衣身底摆圆角处，挂面微微拉紧，对合好缝份，使用手缝针进行绷缝，再整烫吃量，使其平整（图3-90）。

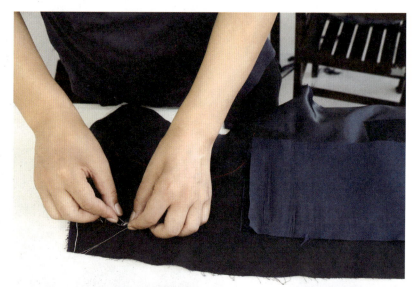

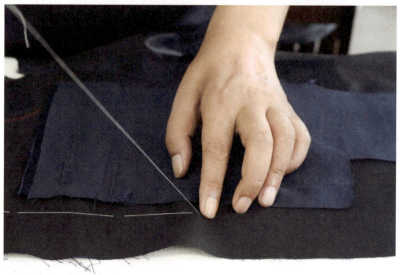

图3-90　绷缝挂面与前衣身

缉缝挂面与前衣身。将衣身翻转，前衣身朝上，按照手缝针绷缝固定好的位置，从领口翻折线开始根据缝份进行缉合，直至圆角底摆嵌条处（图3-91）。

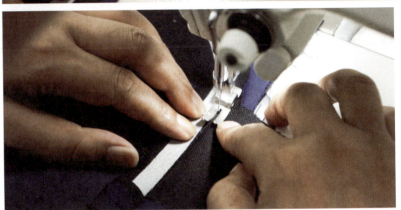

图3-91　缉缝挂面与前衣身

【步骤48】处理挂面与前衣身缝份

第一粒扣位以上的驳头部位，把挂面的缝份修小到0.3~0.5cm；第一粒扣以下至底摆部位，把前衣身的缝份修小到0.3~0.5cm（图3-92）。

图3-92　修剪挂面与前衣身缝份

修剪翻折线处缝份。首先根据结构线将翻折线处剪出一个三角，后修剪前衣身翻折线处，保留0.3~0.5cm缝份（图3-93）。

图3-93 修剪翻折线处缝份

【步骤49】熨烫衣身前中心

使用熨斗先把挂面和前衣身的缝份分烫，烫好后翻过来，用锥子协助把直边挑直，圆角挑圆。从串口线的绱领点开始至驳口翻折线下第一粒扣眼位，挂面比面布多烫出0.15cm容量（眼皮），从第一粒扣眼位开始到圆角处，面布比挂面多烫出0.15cm容量（图3-94）。

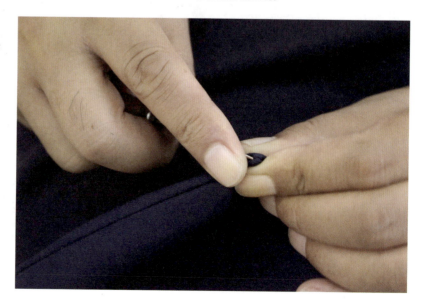

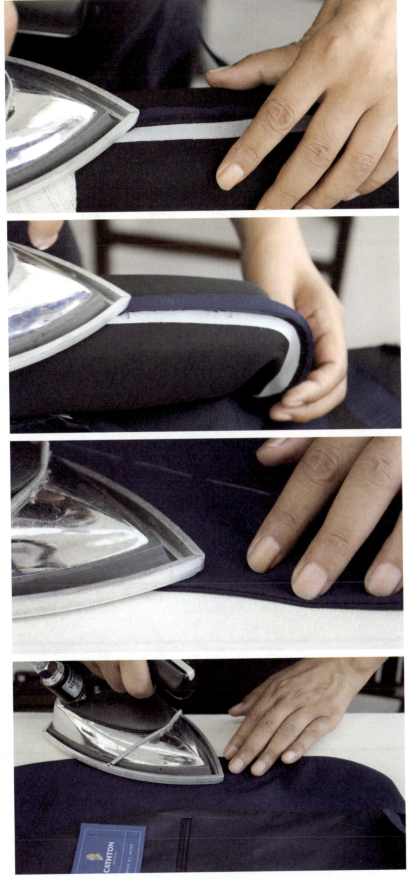

图3-94　熨烫衣身前中心

【步骤50】修剪前、侧衣身里布

将前中心正面熨烫平整后，使用熨斗将衣身整体熨烫平整，铺在工作台上，用剪刀按前衣身修剪里布。领口、袖窿、肩头的里布与面布一致。底摆、侧缝、肩宽部位的里布要比面布大1cm（图3-95）。

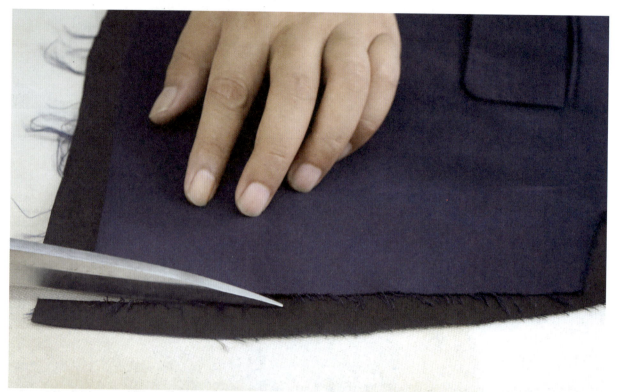

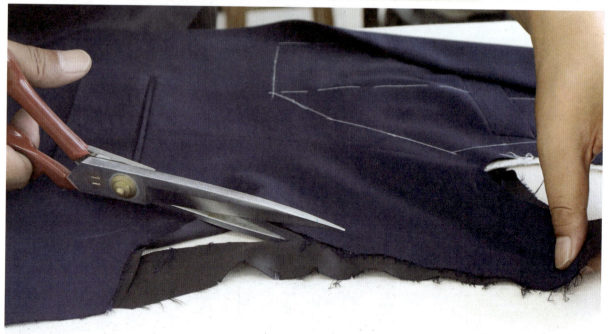

图3-95　修剪里布

将侧片里布用熨斗进行拔开处理，拔量同侧衣身相等（图3-96）。

图3-96　熨烫里布

使用熨斗熨烫开衩及现有衣身（图3-97）。

图3-97　熨烫开衩及现有衣身

熨烫后效果见图3-98。

图3-98　熨烫后效果

【步骤51】固定底摆

使用手缝针对衣身底摆进行绷缝（图3-99）。

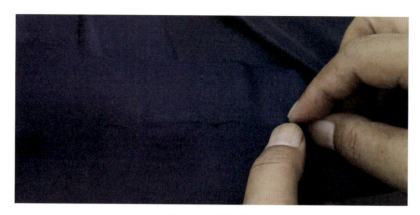

图3-99　固定底摆

【步骤52】缉缝里布后中缝

按照结构线缝合后片里布，将后片里布正面相对，较后片面布少缉缝0.5cm，沿后背中缝线固定（图3-100）。

图3-100　缉缝后中缝

【步骤53】熨烫后中缝

在里布的腰节处打剪口以防止绷紧。将后中心里布侧缝沿缉线朝后衣身方向扣倒并存0.3~0.5cm的缝量，使用熨斗烫顺（图3-101）。

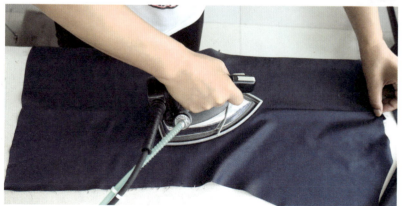

图3-101　熨烫后中缝

【步骤54】固定后衣身面布与里布

将后衣身面布与里布在后中心线上对合好，使用手缝针在里布正面进行绷缝固定。固定好翻到里面将后衣身面布和里布的缝份绷缝在一起（图3-102）。

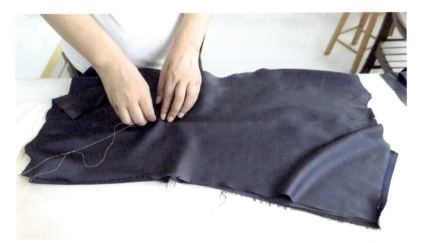

图3-102 固定后衣身面布与里布

【步骤55】缉缝前、后衣身

把后衣身放在下面，前衣身放在上面，正面相对，按1cm缝份进行缉缝，缉缝时在袖窿下3cm处归进一些，将后片腰节处拔开些，前片归拢些，腰节以下前、后片长度相等（图3-103）。

图3-103　缉缝前、后衣身

【步骤56】熨烫后中缝

把后衣身放在烫凳上，将缝份分开烫平，由上至下压烫（图3-104）。

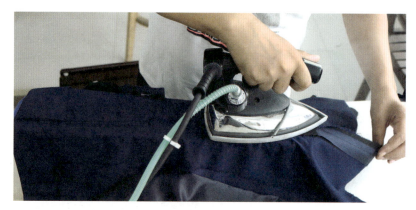

图3-104　熨烫后中缝

【步骤57】缝合肩缝

先把后衣身肩缝烫皱，前、后片尺寸对合好后，后衣身用手缝针进行吃势绷缝固定，然后将前、后衣身正面相对，胸衬掀起，按1cm缝份缉缝，倒回针，后肩吃势约0.6cm（图3-105）。

图3-105　缝合肩缝

【步骤58】熨烫肩缝

　　使用熨斗熨烫肩缝时，将吃势归拢在后肩缝上，将褶皱熨烫平整，然后将衣身翻到正面，进行分烫（图3-106）。

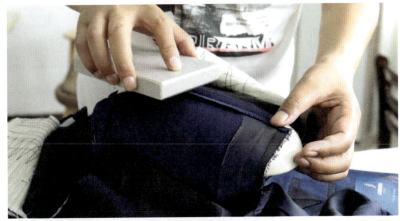

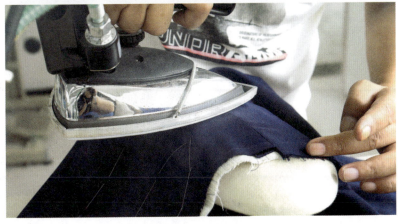

图3-106　熨烫肩缝

使用手缝针将衣身肩缝与胸棉进行绷缝固定（图3-107）。

图3-107　绷缝固定肩缝

【步骤59】修剪胸衬

根据衣身袖窿修剪多余的胸衬（图3-108）。

图3-108　修剪胸衬

【步骤60】固定肩棉

按照剪口位置确定左右肩棉，剪口位置对应肩缝，肩棉外沿与衣身袖窿边对齐，使用手缝针绷缝肩棉和衣身（图3-109）。

图3-109　固定肩棉

【步骤61】制作领面

把制作毛样的领底熨烫平整，按照领底配好领面，并进行熨烫（图3-110）。

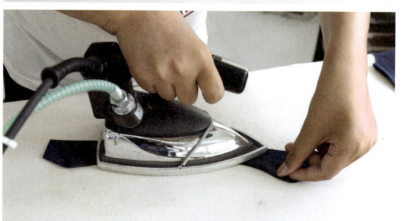

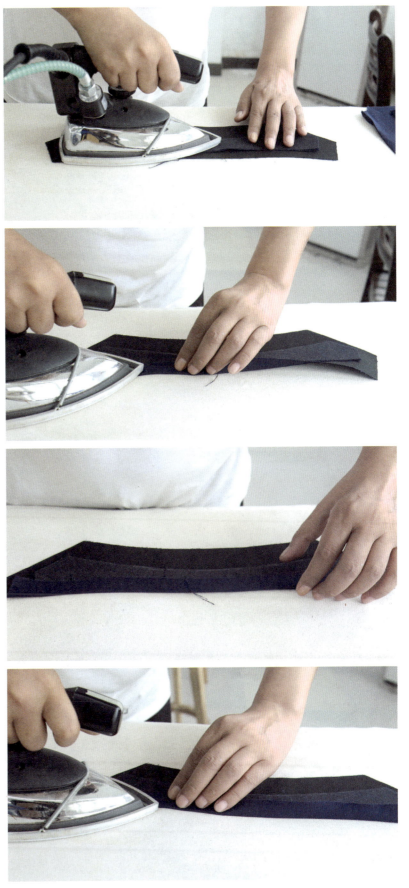

图3-110 熨烫领面

【步骤62】缉缝、整烫领底绒与领面

将领面与领底绒进行缝合（图3-111）。

图3-111　缉缝领面

使用熨斗整烫领底绒与领面
（图3-112）。

图3-112　熨烫领面

【步骤63】绱领

将领面与串口线进行绱缝，并放在烫凳上进行分烫（图3-113）。

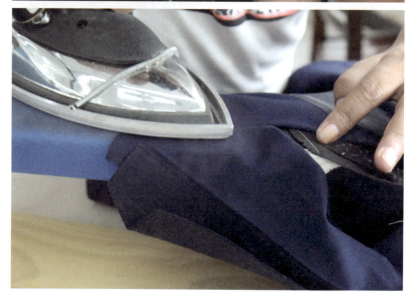

图3-113 熨烫串口线

使用手缝针将领口面布与里布绷缝固定（图3-114）。

图3-114　固定领口面布与里布

使用手缝针将领子与衣身绕缝固定（图3-115）。

图3-115　绕缝固定领子

手缝固定后效果见图3-116。

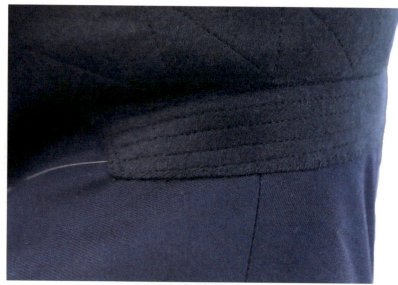

图3-116　领子制作完成效果

【步骤64】做袖

　　将大袖、小袖的袖口折边按结构线向里扣烫好。把大袖开衩部位按外袖缝线向里扣烫好，将开衩与折边重叠的部位烫平，使其有两条烫痕（图3-117）。

图3-117　熨烫袖子袖口

　　缉缝袖片。①内袖缝：袖片的正面相对，大袖片放在上面，小袖片放在下面，按0.9cm缝份进行缉缝，在袖肘上下各5cm左右位置略吃缝小袖，其他平缉。②外袖缝：袖片的正面相对，小袖片放在上面，大袖片放在下面，按1cm缝份进行缉缝，大袖片的袖肘线以上位置略微吃缝（图3-118）。

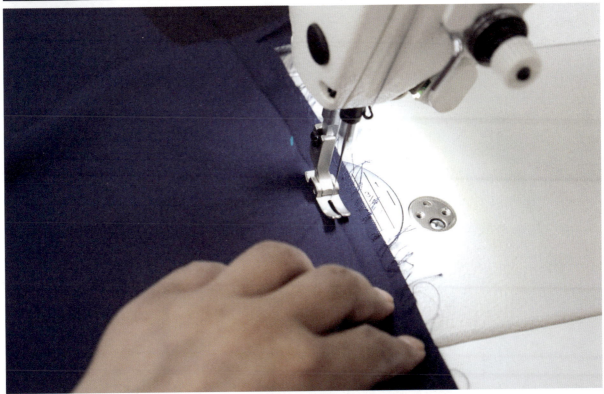

图3-118　缉缝袖片缝份

在大袖袖衩的背面，把折边与袖衩展开，使两条烫痕线重叠，按此线缉缝大袖衩，然后把小袖折边与袖衩正面相对，按0.5cm缝份缉缝小袖衩（图3-119）。

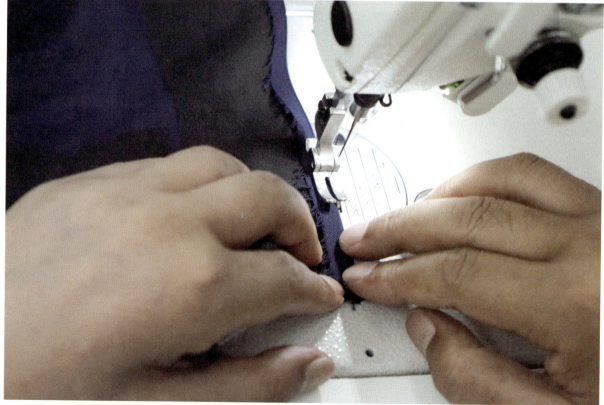

图3-119　缉缝袖衩

将袖片放在烫凳上，缝份倒向大袖，拔小袖，归大袖，袖口向里折4cm（图3-120）。

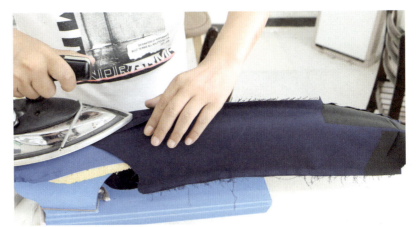

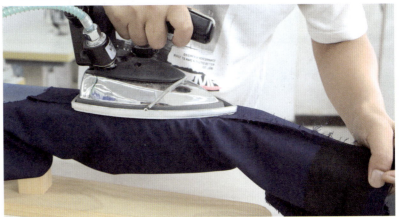

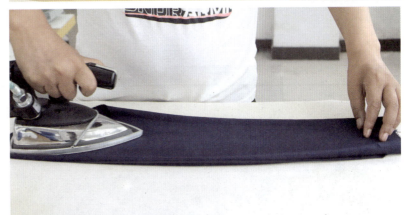

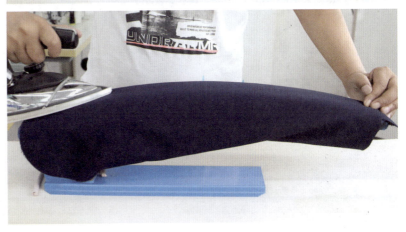

图3-120　整烫袖子

　　袖面与袖里翻到背面，将袖口相对，袖面的内外袖缝和袖里的内外袖缝相对，按照1cm缝份缉缝一圈袖口（图3-121）。

图3-121　缉缝袖口面、里

　　使用三角针手缝法固定袖口（图3-122）。

图3-122　三角针手缝法固定袖口

使用缝纫机缉缝内侧袖口
（图3-123）。

图3-123　缉缝内侧袖口

手缝针绕缝固定袖子里布
与面布开衩位置，针距大小相等
（图3-124、图3-125）。

图3-124　绕缝固定袖子里布与面布开衩位置

图3-125　绕缝固定袖子开衩

袖口开衩处手缝效果（图3-126）。

图3-126　袖口开衩处手缝效果

针距调大，沿袖弧边缘缝缉一圈，缝份为0.5cm，不进行倒回针，拉出底线，按照衣身袖窿对位点归好（图3-127）。

图3-127　抽袖条

使用手缝针将袖子固定在衣身上（图3-128）。

图3-128 固定袖窿

使用缝纫机沿结构线进行缉缝袖窿（图3-129）。

图3-129 缉缝袖窿

初步绱袖后效果见图3-130。

图3-130 初步绱袖后效果

熨烫弹袖棉（图3-131）。

图3-131 熨烫弹袖绵

修剪多余弹袖棉（图3-132）。

图3-132 修剪多余弹袖绵

将弹袖棉与袖片袖窿处进行缉缝（图3-133）。

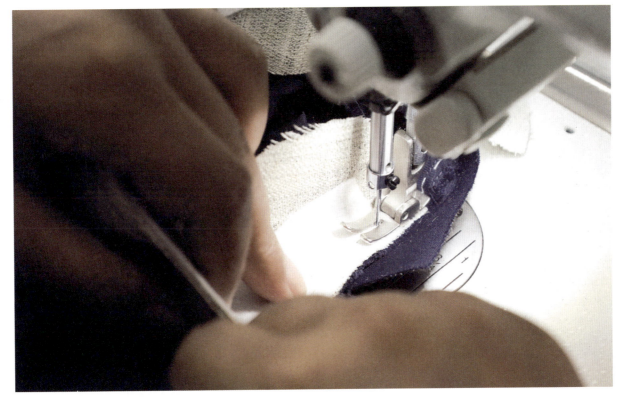

图3-133 缉缝弹袖绵

使用熨斗整烫弹袖绵（图3-134）。

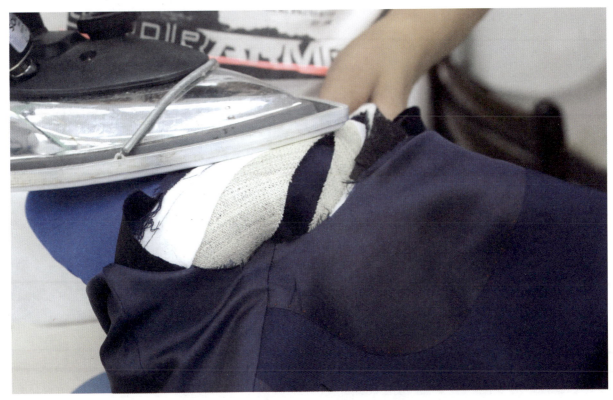

图3-134 整烫弹袖绵

绱袖后效果见图3-135。

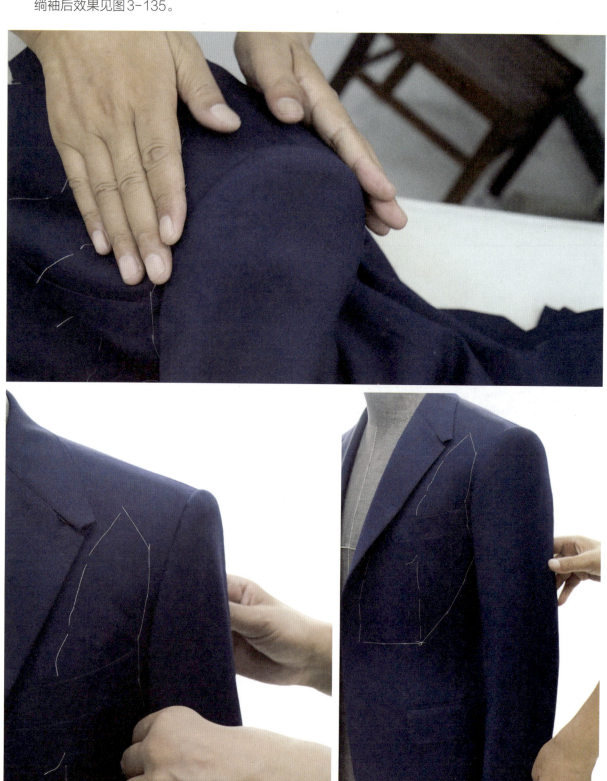

图3-135 绱袖后效果

【步骤65】缝合里布肩缝

手缝固定挂面肩缝，再将袖窿里布与衣身面绷缝固定（图3-136）。

图3-136　绷缝里布肩缝、袖窿

使用手缝针绕缝缝合肩缝，缝合时后片里布需要容量（图3-137）。

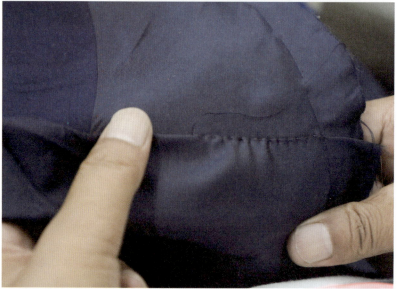

图3-137　手工缝合里布肩缝

【步骤66】缝合里布袖子

按照绷缝固定的袖窿弧线，将袖子里布按照对位点对合好，使用手缝针绕缝固定（图3-138）。

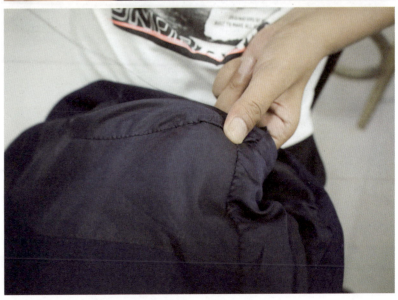

图3-138 缝合里布袖子

【步骤67】缝合衣身底摆与开衩

手缝三角针固定衣身底摆一圈（图3-139）。

图3-139　固定衣身底摆

将衣身铺平，按底摆折边标记扣烫里布底摆折边，要求顺直、等宽。里布比底摆折边短2cm。使用顺色手缝线将里布与衣摆进行固定（图3-140）。

图3-140　缝合衣身与里布底摆

使用手缝针绕缝衣身开衩
（图3-141）。

图3-141　缝合衣身开衩

【步骤68】缝制品牌商标

在品牌商标四周使用手缝三角针法固定，三角针法可固定两层面料，除功能性作用外，还可用作装饰，要求拉线松紧适中，针迹0.3cm，间距相等，三角大小一致（图3-142）。

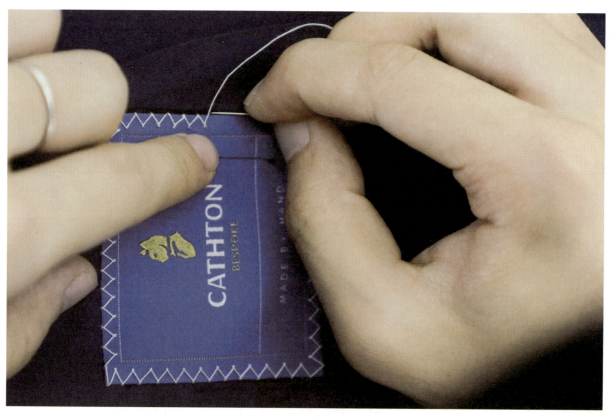

图3-142　在商标上手缝三角针固定

使用手缝三角针固定商标后的效果（图3-143）。

图3-143　手缝三角针固定商标后的效果

【步骤69】缝制米兰眼

确定好米兰眼位置后，使用丝线包裹线芯进行缝制（图3-144）。

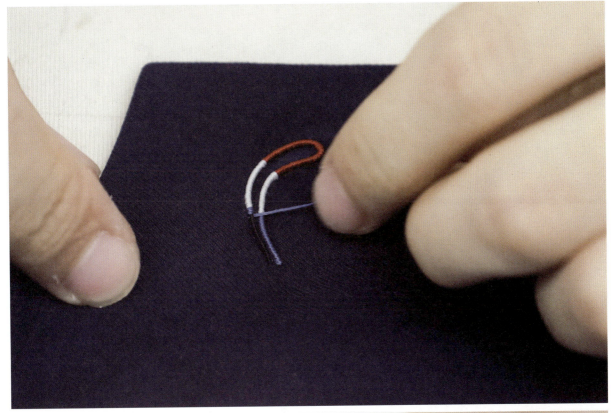

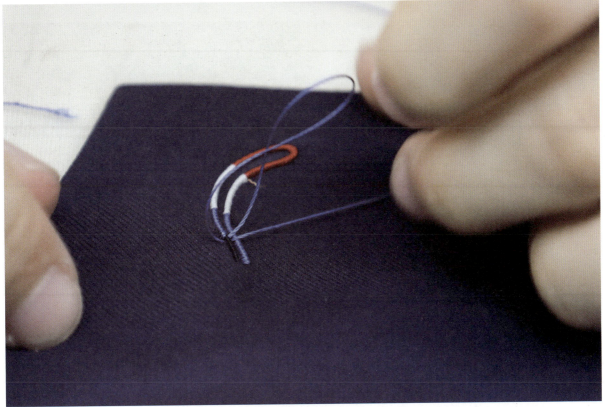

图3-144 缝制米兰眼

手工米兰眼最终呈现线迹精致、饱满、立体的效果（图3-145）。

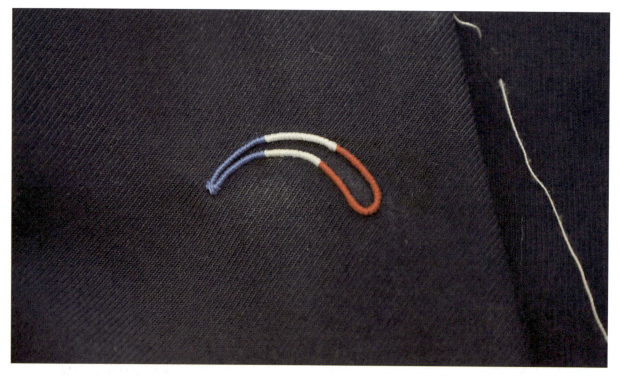

图3-145　米兰眼效果

【步骤70】暗缝领口商标

将领口商标中心对准衣身后中心（图3-146）。

图3-146　对齐商标

将商标单侧翻转到反面，进行缉缝、倒回针（图3-147）。

图3-147　反面缉缝单侧商标

将商标翻回正面并抬起，进行缉缝、倒回针（图3-148）。

图3-148　缉缝另一侧商标

暗缝领口商标后效果见图3-149。

图3-149　暗缝领口商标后效果

【步骤71】手工开扣眼

在衣身、袖口处使用划粉确定扣眼位置（图3-150）。

图3-150　确定扣眼位置

使用缝纫机沿着扣眼长度进行缉缝，两端倒回针，靠近开衩一侧使用锥子扎出扣眼头部圆眼（图3-151）。

图3-151　缉缝扣眼并扎出扣眼头部圆眼

使用剪刀剪开扣眼，自扣眼尾端向开衩位置使用手缝针进行锁针一圈，扣眼头部要沿着圆眼弧度进行缝制（图3-152）。

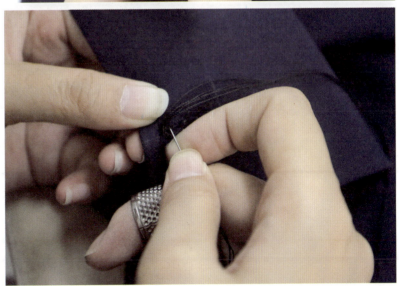

图3-152　锁针针法缝制扣眼

在扣眼尾端将线绕在手缝针上，对扣眼尾部进行收尾处理（图3-153）。

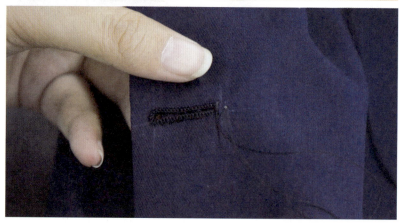

图3-153　扣眼收尾处理

手工开扣眼后效果见图3-154。

图3-154　手工开扣眼后效果

【步骤72】十字法钉纽扣

首先使用划粉在西装正面确定好纽扣位置，用手缝针串四股线，将针从西装纽扣的正面穿到反面，从西装反面拔出后再穿向西装纽扣的正面，重复此步骤3～4次，固定纽扣，将纽扣各个眼都穿好线后，从纽扣的背面绕线4圈，使之牢固，最后将线打结拔出（图3-155）。

图3-155　钉扣子

【步骤73】整烫服装

将成衣放在吸风烫台上，使用蒸汽熨斗进行整烫（图3-156）。

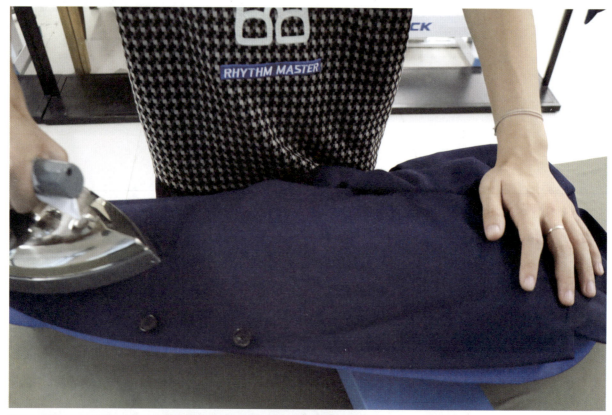

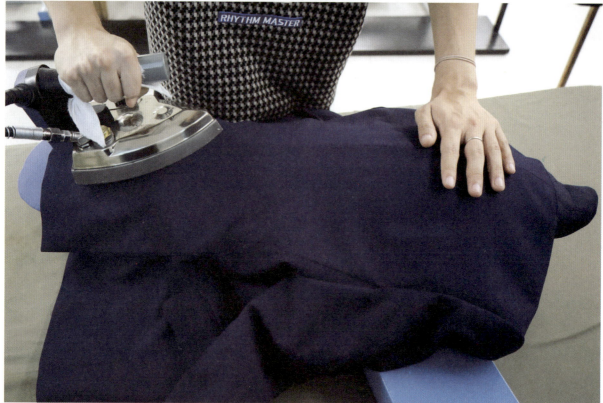

图3-156　吸风烫台整烫定型

【步骤74】成衣展示

（1）整体效果见图3-157~图3-159。

图3-157 正面展示

图3-158 侧面展示

图3-159 背面展示

（2）细节展示见图3-160~图3-164。

图3-160 米兰眼展示

图3-161 门襟展示

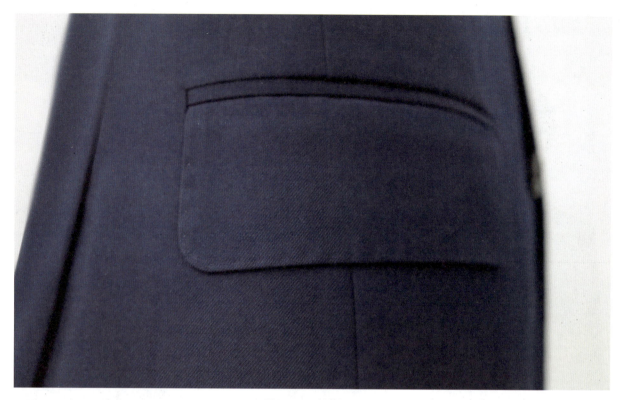

图3-162 盖袋展示

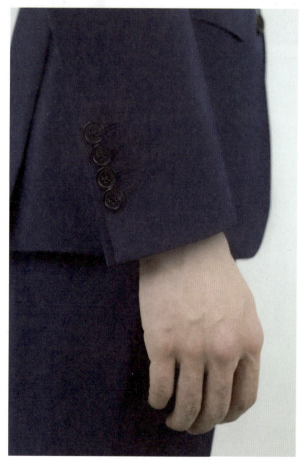

图3-163 袖口展示

图3-164 驳头展示